1949-2019
新中国气象事业70周年

七十年砥砺奋进
四川气象谱华章

新中国气象事业70周年·四川卷

四川省气象局

气象出版社
China Meteorological Press

图书在版编目（CIP）数据

新中国气象事业 70 周年 . 四川卷 / 四川省气象局编著 . -- 北京 : 气象出版社 , 2021.1
ISBN 978-7-5029-7150-2

Ⅰ . ①新… Ⅱ . ①四… Ⅲ . ①气象 – 工作 – 四川 – 画册 Ⅳ . ① P468.2-64

中国版本图书馆 CIP 数据核字 (2021) 第 023053 号

新中国气象事业70周年·四川卷
Xinzhongguo Qixiang Shiye Qishi Zhounian · Sichuan Juan

四川省气象局　编著

出版发行： 气象出版社
地　　址： 北京市海淀区中关村南大街46号　**邮政编码：** 100081
电　　话： 010-68407112（总编室）　010-68408042（发行部）
网　　址： http://www.qxcbs.com　**E – mail：** qxcbs@cma.gov.cn
策　　划： 周　露
责任编辑： 宿晓凤　**终　　审：** 吴晓鹏
责任校对： 张硕杰　**责任技编：** 赵相宁
装帧设计： 新光洋（北京）文化传播有限公司
印　　刷： 北京地大彩印有限公司
开　　本： 889 mm × 1194 mm 1/16　**印　　张：** 11.25
字　　数： 288 千字
版　　次： 2021 年 1 月第 1 版　**印　　次：** 2021 年 1 月第 1 次印刷
定　　价： 228.00 元

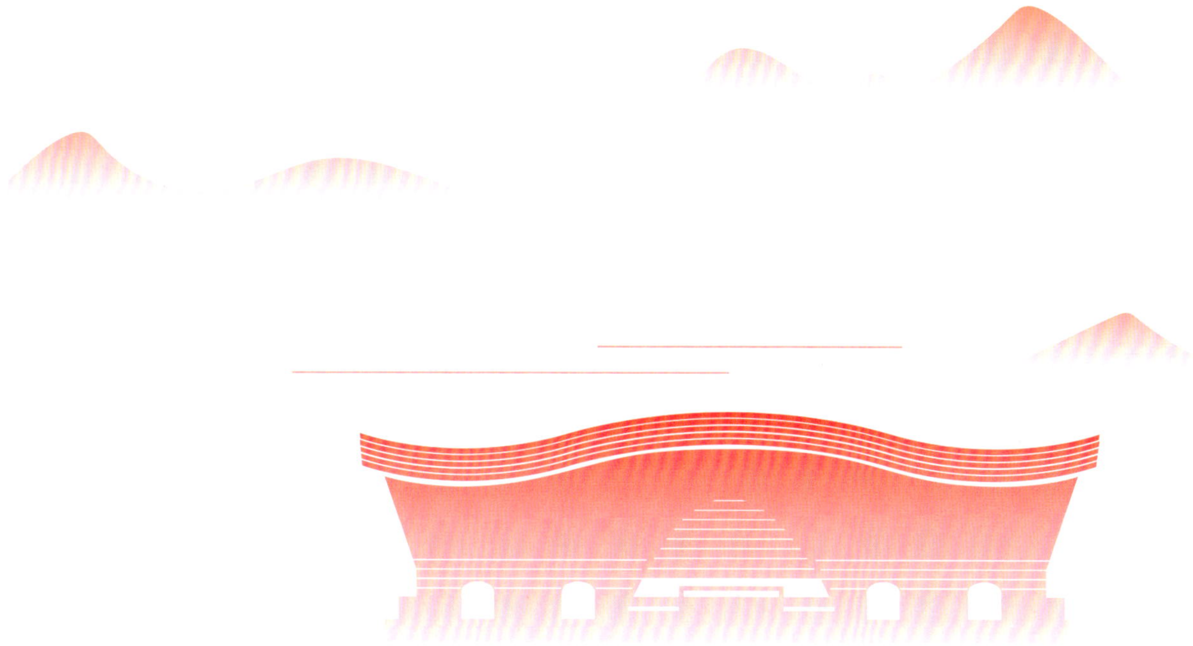

《新中国气象事业70周年·四川卷》编委会

总 序

1949 年 12 月 8 日是载入史册的重要日子。这一天，经中央批准，中央军委气象局正式成立，开启了新中国气象事业的伟大征程。

气象事业始终根植于党和国家发展大局，与国家发展同行共进、同频共振。伴随着国家发展的进程，气象事业从小到大、从弱到强、从落后到先进，走出了一条中国特色社会主义气象发展道路。新中国成立后，我们秉持人民利益至上这一根本宗旨，统筹做好国防和经济建设气象服务。在国家改革开放的大潮中，我们全面加速气象现代化建设，在促进国家经济社会发展和保障改善民生中实现气象事业的跨越式发展。党的十八大以来，我们坚持以习近平新时代中国特色社会主义思想为指导，坚持在贯彻落实党中央决策部署和服务保障国家重大战略中发展气象事业，开启了现代化气象强国建设的新征程。70 年气象事业的生动实践深刻诠释了国运昌则事业兴、事业兴则国家强。

气象事业始终在党中央、国务院的坚强领导和亲切关怀下，与伟大梦想同心同向、逐梦同行。党和国家始终把气象事业作为基础性公益性社会事业，纳入经济社会发展全局统筹部署、同步推进。毛泽东主席关于气象部门要把天气常常告诉老百姓的指示，成为气象工作贯穿始终的根本宗旨。邓小平同志强调气象工作对工农业生产很重要，江泽民同志指出气象现代化是国家现代化的重要标志，胡锦涛同志要求提高气象预报预测、防灾减灾、应对气候变化和开发利用气候资源能力，都为气象事业发展指明了方向，鼓舞着我们奋勇前行。习近平总书记特别指出，气象工作关系生命安全、生产发展、生活富裕、生态良好，要求气象工作者推动气象事业高质量发展，提高气象服务保障能力，为我们以更高的政治站位、更宽的国际视野、更强的使命担当实现更大发展，提供了根本遵循。

在党中央、国务院的坚强领导下，一代代气象人接续奋斗、奋力拼搏，气象事业发生了根本性变化，取得了举世瞩目的成就。

70 年来，我们紧紧围绕国家发展和人民需求，坚持趋利避害并举，建成了世界上保障领域最广、机制最健全、效益最突出的气象服务体系。

面向防灾减灾救灾，我们努力做到了重大灾害性天气不漏报，成功应对了超强台风、特大洪水、低温雨雪冰冻、严重干旱等重大气象灾害，为各级党委政府防灾减灾部署和人民群众避灾赢得了先机。我们建成了多部门共享共用的国家突发事件预警信息发布系统，努力做到重点灾害预警不留盲区，预警信息可在 10 分钟内覆盖 86% 的老百姓，有效解决了“最后一公里”问题，充分发挥了气象防灾减灾第一道防线作用。

面向生态文明建设，我们构建了覆盖多领域的生态文明气象保障服务体系，打造了人工影响天气、气候资源开发利用、气候可行性论证、气候标志认证、卫星遥感应用、大气污染防治保障等服务品牌，开展了三江源、祁连山等重点生态功能区空中云水资源开发利用，完成了国家和区域气候变化评估，组织了四次全国风能资源普查，探索建设了国家气象公园，建立了世界上规模最大的现代化人工影响天气作业体系，人工增雨（雪）覆盖 500 万平方公里，防雹保护达 50 多万平方公里，有力推动了生态修复、环境改善，气象已经成为美丽中国的参与者、守护者、贡献者。

面向经济社会发展，我们主动服务和融入乡村振兴、“一带一路”、军民融合、区域协调发展等国家重大战略，主动服务和融入现代化经济体系建设，大力加强了农业、海洋、交通、自然资源、旅游、能源、健康、金融、保险等领域气象服务，成功保障了新中国成立 70 周年、北京奥运会等重大活动和南水北调、载人航天等重大工程，积极引导了社会资本和社会力量参与气象服务，服务领域已经拓展到上百个行业、覆盖到亿万用户，投入产出比达到 1:50，气象服务的经济社会效益显著提升。

面向人民美好生活，我们围绕人民群众衣食住行健康等多元化服务需求，创新气象服务业态和模式，大力发展智慧气象服务，打造“中国天气”服务品牌，气象服务的及时性、准确性大幅提高。气象影视服务覆盖人群超过 10 亿，“两微一端”气象新媒体服务覆盖人群超 6.9 亿，中国天气网日浏览量突破 1 亿人次，全国气象科普教育基地超过 350 家，气象服务公众覆盖率突破 90%，公众满意度保持在 85 分以上，人民群众对气象服务的获得感显著增强。

70 年来，我们始终坚持气象现代化建设不动摇，建成了世界上规模最大、覆盖最全的综合气象观测系统和先进的气象信息系统，建成了无缝隙智能化的气象预报预测系统。

综合气象观测系统达到世界先进水平。气象观测系统从以地面人工观测为主发展到“天—地—空”一体化自动化综合观测。现有地面气象观测站 7 万多个，全国乡镇覆盖率达到 99.6%，数据传输时效从 1 小时提升到 1 分钟。建成了 216 部新一代天气雷达组成的雷达网，数据传输时效从 8 分钟提升到 50 秒。成功发射了 17 颗风云系列气象卫星，7 颗在轨运行，为全球 100 多个国家和地区、国内 2500 多个用户提供服务，风云二号 H 星成为气象服务“一带一路”的主力卫星。建立了生态、环境、农业、海洋、交通、旅游等专业气象监测网，形成了全球最大的综合气象观测网。

气象信息化水平显著增强。物联网、大数据、人工智能等新技术得到深入应用，形成了“云 + 端”的气象信息技术新架构。建成了高速气象网络、海量气象数据库和国产超级计算机系统，每日新增的气象数据量是新中国成立初期的 100 多万倍。新建设的“天镜”系统实现了全业务、全流程、全要素的综合监控。气象数据率先向国内外全面开放共享，中国气象数据网累计用户突破30万，海外注册用户遍布70多个国家，累计访问量超过5.1亿人次。

气象预报业务能力大幅提升。从手工绘制天气图发展到自主创新数值天气预报，从站点预报发展到精细化智能网格预报，从传统单一天气预报发展到面向多领域的影响预报和风险预警，气象预报预测的准确率、提前量、精细化和智能化水平显著提高。全国暴雨预警准确率达到 88%，强对流预警时间提前至 38 分钟，可提前 3 ~ 4 天对台风路径做出较为准确的预报，达到世界先进水平。2017 年中国气象局成为世界气象中心，标志着我国气象现代化整体水平迈入世界先进行列！

70 年来，我们紧跟国家科技发展步伐和世界气象科技发展趋势，大力加强气象科技创新和人才队伍建设，我国气象科技创新由以跟踪为主转向跟跑并跑并存的新阶段。

建立了较为完善的国家气象科技创新体系。我们不断优化气象科技创新功能布局，形成了气象部门科研机构、各级业务单位和国家科研院所、高等院校、军队等跨行业科研力量构成的气象科技创新体系。强化气象科技与业务服务深度融合，大力发展研究型业务。加快核心关键技术攻关，雷达、卫星、数值预报等技术取得重大突破，有力支撑了气象现代化发展。坚持气象科技创新和体制机制创新“双轮驱动”，形成了更具活力的气象科技管理制度和创新环境。气象科技成果获国家自然科学奖 26 项，获国家科技进步奖 67 项。

科技人才队伍建设取得丰硕成果。我们大力实施人才优先战略，加强科技创新团队建设。全国气象领域两院院士35人，气象部门入选“千人计划”“万人计划”等国家人才工程 25 人。气象科学家叶笃正、秦大河、曾庆存先后获得国际气象领域最高奖，叶笃正获国家最高科学技术奖。一系列科技创新成果和一大批科技人才有力支撑了气象现代化建设。

70 年来，我们坚持并完善气象体制机制、不断深化改革开放和管理创新，气象事业从封闭走向开放、从传统走向现代、从部门走向社会、从国内走向全球。

领导管理体制不断巩固完善。坚持并不断完善双重领导、以部门为主的领导管理体制和双重计划财务体制，遵循了气象科学发展的内在规律，实现了气象现代化全国统一规划、统一布局、统一建设、统一管理，形成了中央和地方共同推进气象事业发展、共同建设气象现代化的格局，满足了国家和地方经济社会发展对气象服务的多样化需求。

各项改革不断深化。坚持发展与改革有机结合，协同推进“放管服”改革和气象行政审批制度改革，全面完成国务院防雷减灾体制改革任务，深入推进气象服务体制、业务科技体制、管理体制等改革，初步建立了与国家治理体系和治理能力现代化相适应的业务管理体系和制度体系，为气象事业高质量发展注入强大动力。

开放合作力度不断加大。与近百家单位开展务实合作，形成了省部合作、部门合作、局校合作、局企合作的全方位、宽领域、深层次国内开放合作格局。先后与160多个国家和地区开展了气象科技合作交流，深度参与“一带一路”建设，为广大发展中国家提供气象科技援助，100多位中国专家在世界气象组织、政府间气候变化专门委员会等国际组织中任职，气象全球影响力和话语权显著提升，我国已成为世界气象事业的深度参与者、积极贡献者，为全球应对气候变化和自然灾害防御不断贡献中国智慧和中国方案。

气象法治体系不断健全。建立了《气象法》为龙头，行政法规、部门规章、地方法规组成的气象法律法规制度体系，形成了由国家、地方、行业和团体等各类标准组成的气象标准体系，气象事业进入法治化发展轨道。

70年来，我们始终坚持党对气象事业的全面领导，以政治建设为统领，全面加强党的建设，在拼搏奉献中践行初心使命，为气象事业高质量发展提供坚强保证。

70年来，气象事业发展历程中人才辈出、精神璀璨，有夙夜为公、舍我其谁的开创者和领导者，有精益求精、勇攀高峰的科学家，有奋楫争先、勇挑重担的先进模范，有甘于清苦、默默奉献的广大基层职工。一代代气象人以服务国家、服务人民的深厚情怀，谱写了气象事业跨越式发展的壮丽篇章；一代代气象人推动着气象事业的长河奔腾向前，唱响了砥砺奋进的动人赞歌；一代代气象人凝练出“准确、及时、创新、奉献”的气象精神，激发起干事创业的担当魄力！

70年的发展实践，我们深刻地认识到，**坚持党的全面领导是气象事业的根本保证。**70年来，在党的领导下，气象事业紧贴国家、时代和人民的要求，实现健康持续发展。我们坚持以习近平新时代中国特色社会主义思想为指导，增强“四个意识”，坚定“四个自信”，做到“两个维护”，把党的领导贯穿和体现到气象事业改革发展各方面各环节，确保气象改革发展和现代化建设始终沿着正确的方向前行。**坚持以人民为中心的发展思想是气象事业的根本宗旨。**70年来，我们把满足人民生产生活需求作为根本任务，把保护人民生命财产安全放在首位，把老百姓的安危冷暖记在心上，把为人民服务的宗旨落实到积极推进气象服务供给侧结构性改革等各方面工作，促进气象在公共服务领域不断做出新的贡献。**坚持气象现代化建设不动摇是气象事业的兴业之路。**70年来，我们坚定不移加强和推进气象现代化建设，以现代化引领和推动气象事业发展。我们按照新时代中国特色社会主义事业的战略安排，谋划推进现代化气象强国建设，确保气象现代化同党和国家的发展要求相适应、同气象事业发展目标相契合。**坚持科技创新驱动和人才优先发展是气象事业的根本动力**。70 年来，我们大力实施科技创新战略，着力建设高素质专业化干部人才队伍，集中攻关制约气象事业发展的核心关键技术难题，促进了气象科技实力和业务水平的不断提升。**坚持深化改革扩大开放是气象事业的活力源泉**。70 年来，我们紧跟国家步伐，全面深化气象改革开放，认识不断深化、力度不断加大、领域不断拓展、成效不断显现，推动气象事业在不断深化改革中披荆斩棘、破浪前行。

铭记历史，继往开来。《新中国气象事业 70 周年》系列画册选录了 70 年来全国各级气象部门最具有历史意义的图片，生动全面地记录了气象事业的发展足迹和突出贡献。通过系列画册，面向社会充分展示了气象事业 70 年来的生动实践、显著成就和宝贵经验；展现了气象事业对中国社会经济发展、人民福祉安康提供的强有力保障、支撑；树立了“气象为民”形象，扩大中国气象的认知度、影响力和公信力；同时积累和典藏气象历史、弘扬气象人精神，能够推动气象文化建设，凝聚共识，汇聚推进气象事业改革发展力量。

在新的长征路上，气象工作责任更加重大、使命更加光荣，我们将以习近平新时代中国特色社会主义思想为指导，不忘初心、牢记使命，发扬优良传统，加快科技创新，做到监测精密、预报精准、服务精细，推动气象事业高质量发展，提高气象服务保障能力，发挥气象防灾减灾第一道防线作用，以永不懈怠的精神状态和一往无前的奋斗姿态，为决胜全面建成小康社会、建设社会主义现代化国家做出新的更大贡献！

中国气象局党组书记、局长：刘雅鸣

2019 年 12 月

前言

七十载岁月，变革的征途充满荆棘和坎坷；七十年风雨，奋进的道路洒满辛勤和磨砺。这是不平凡的七十年，这是四川气象事业翻天覆地、沧桑巨变的七十年。

伴随新中国成立，百废待兴之时，穿上戎装的巴蜀气象儿女披荆斩棘，踏平坎坷，初步建立了四川气象观测、预报基础网络，为四川气象事业的发展打下坚实基础；伴随祖国改革开放的步伐，四川气象人不断开拓创新，在预报技术、科学研究、对外交流等方面书写了浓墨重彩的光辉篇章；2008 年 5 月 12 日 14 时 28 分，汶川发生里氏 8.0 级特大地震，面对突如其来的灾难，四川气象人含泪挺起了不屈的脊梁，只争朝夕，呕心沥血，重建家园，大力提升气象服务能力和保障水平。

七十年，多少意气风发的热血青年付出了青春和幸福；七十年，多少学识渊博的专家奉献了心血和智慧；七十年，多少热心气象的人士给予了关爱和支持……回眸历史，追忆曾经走过的征途，我们几多感慨几多豪迈；面对硕果累累、璀璨绚丽的建设成就，我们几多欣喜几多骄傲。

留住那些热血沸腾、感人至深的精彩画面，定格那些顽强拼搏、奋勇争先的精彩镜头，描绘那些日新月异、引以为荣的现代化建设成就……以这样一种方式，我们在新中国成立以来这波澜壮阔的历史画卷中，采撷下四川气象部门七十年的辉煌，记录下四川气象人近一个世纪的荣耀。我们相信：这样的辉煌，这样的荣耀，一定会激励四川气象儿女更加奋勇向前，一定会促使四川气象儿女创造更加辉煌灿烂的明天！

目录

正确领导 亲切关怀篇

新中国成立后特别是改革开放以来，在党中央、国务院的亲切关怀下，在中国气象局和四川省委、省政府的正确领导下，四川气象部门坚决贯彻党的路线方针政策，为探索出中国特色气象事业发展道路做出了应有的贡献，为在新起点上实现四川气象事业高质量发展奠定了坚实的基础。

▲ 2000 年春节，四川省省长张中伟（前排右三）慰问峨眉山气象站干部职工

▲ 2006 年 1 月，四川省委书记张学忠（右二）视察峨眉山气象站

▲ 2013 年 6 月，四川省副省长曲木史哈（右二）视察四川省气象局

▲ 2019 年 3 月 27 日，四川省政协副主席钟勉（左四）参观四川省气象局

▲ 2002 年，中国气象局副局长李黄（右一）视察乐山市气象局

▲ 2003 年 8 月，中国气象局副局长刘英金（后排左五）慰问峨眉山气象站干部职工

▲ 2007 年 10 月 14 日，中国气象局原局长温克刚（左四）视察峨眉山气象站

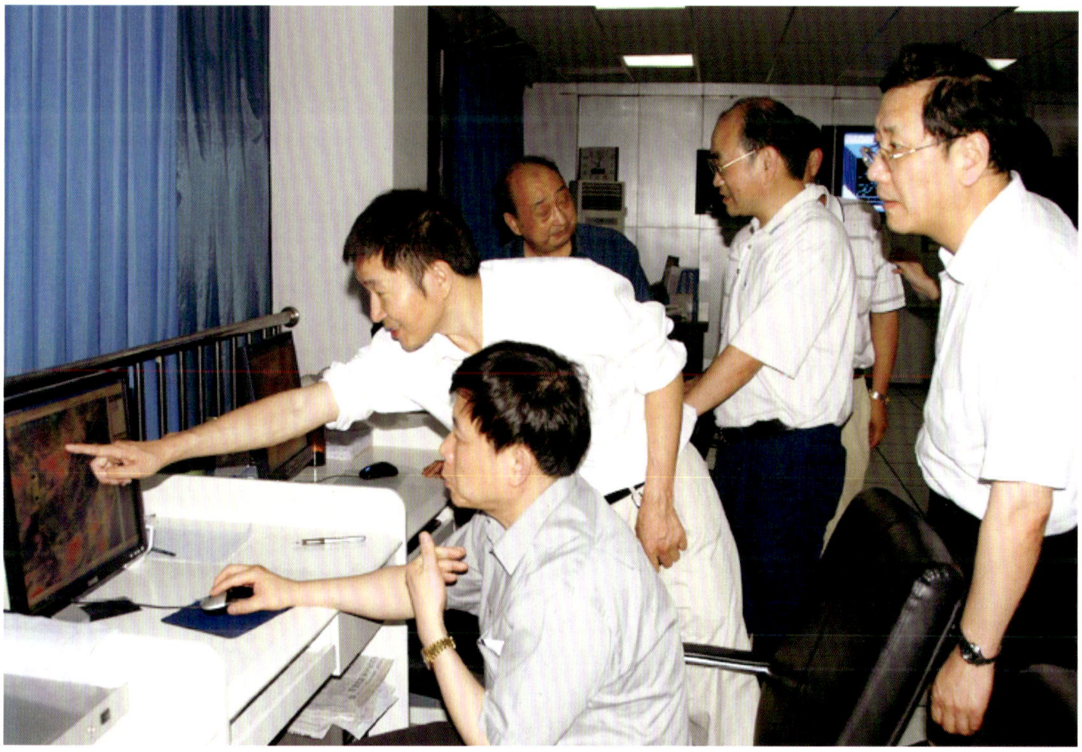

▲ 2008 年 6 月，中国气象局副局长许小峰（前排左一）视察绵阳市气象台

▲ 2011 年 5 月，中国气象局副局长矫梅燕（前排左二）视察四川省气象局

▲ 2011 年 10 月 30 日，中国气象局局长郑国光（前排中）视察北川羌族自治县气象局

▲ 2013 年 7 月，中国气象局副局长于新文（左三）到四川省气象局指导强降雨气象预报服务工作

▲ 2018 年 7 月，中国气象局副局长宇如聪（前排右二）到四川省气象局调研指导汛期气象服务工作

▲ 2018 年 11 月 14 日，中国气象局局长刘雅鸣（前排中）视察四川省气象局并看望干部职工

▲ 2019 年 12 月 5 日，中国气象局副局长沈晓农（主席台中）到四川省气象局检查指导工作

▲ 2019 年 12 月 10 日，中国气象局副局长余勇（左二）到四川省气象局调研气象服务工作，并检查指导第二批“不忘初心、牢记使命”主题教育开展情况

扎根西南 铸剑问天篇

（1949—1977 年）

1950 年 8 月，根据全国气象机构的布设原则，中国人民解放军西南军区司令部下设气象处，后移驻成都，统一领导西南地区现有的各级气象台站，并在四川境内重点建立适应航空气象保障需要的气象站，世界瞩目的巴塘气象站便是在这一历史时期建成的。西南军区司令部气象处可以被看作是新中国成立后四川最早的气象管理部门。

早期气象台站

1950 年 10 月，中国人民解放军西南军区司令部宜宾气象站在宜宾县菜坝飞机场成立。1956 年，建立珙县巡场气候站，之后相继建立南溪、屏山、江安、长宁、兴文、高县、宜宾县、筠连等气象站。

▲ 西南军区司令部气象处（四川省气象局前身）旧址

▲ 20 世纪 50 年代的苍溪县气候服务站（今苍溪县气象局）

▲ 1958 年 10 月，宜宾气象台大门

▲ 20 世纪 70 年代的宜宾地区气象局观测场

▲ 20 世纪 70 年代的彭县气象站办公及值班用房

▲ 20 世纪 80 年代初的彭县气象站

早期气象人才培养

中国共产党领导建立的各地军政机关先后接收零散于川、康（西康省[1]）两省境内的各类气象机构 23 处，其中在 1949 年 12 月尚有气象观测记录的 17 处；接收各类职雇员 170 人，经整编后继续从事气象工作的技术人员 70 余人。这便是新中国成立初期从战火中走出来的首批气象工作者队伍。

▲ 早期青年气象人员合影

1 西康省，简称康，中国旧省名，所辖地主要为现在的四川省甘孜藏族自治州、雅安市、阿坝藏族羌族自治州，西藏自治区昌都市等。

1951 年 1 月，中国人民解放军西南军区司令部气象处在成都组建西南气象干部训练班。1954 年 12 月，在西南气象干部训练班的基础上成立中央气象局成都气象干部学校。1956 年 5 月，改建为中等专业学校，更名为中央气象局成都气象学校。1978 年 4 月，改建为成都气象学院。2000 年，更名为成都信息工程学院。2015 年 4 月，经教育部批准更名为成都信息工程大学。

▲ 1954 年 6 月，中国人民解放军西南军区司令部气象处第四期气象干部训练班学员黄炳坤的毕业证书

▲ 20 世纪 50 年代的成都气象学校学生宿舍

▲ 1956 年 9 月，首届中专生入校，成都气象学校派车迎接新同学

◀ 成都气象学校邓忠德校长（后排左一）与首届中专生一起劳动

◀ 成都气象学校邓忠德校长（左二）与师生在农业气象实验田播种

◀ 成都气象学校首届中专生的农业气象实验田喜获丰收

▲ 20 世纪 70 年代的少数民族气象学员抄报培训

▲ 组图：20 世纪 70 年代的气象培训

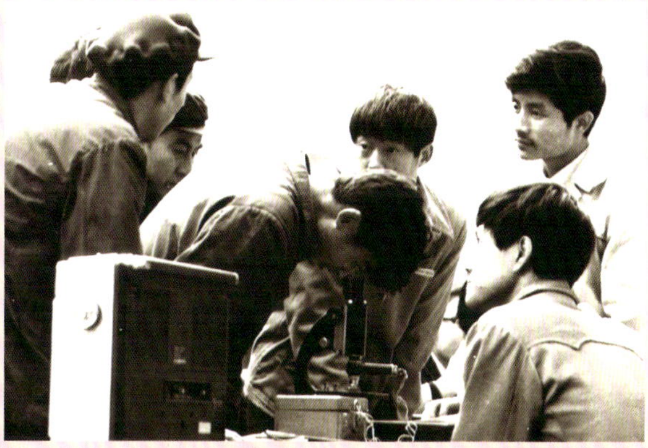

▲ 组图：20 世纪 70 年代，成都气象学校组织开展气象试验

早期气象工作

1932 年 7 月，中国气象事业的开拓者和奠基人竺可祯，应国际极年测候委员会的邀请，参加第二次国际极年测候活动，指派专人，从南京经过长途跋涉，来到峨眉山第三高峰千佛顶，建立起当时国内第一个高山测候所，于同年 8 月 1 日开始极年气象观测。观测项目不但有气压、气温、湿度、日照、风、云、雨量等，甚至还有峨眉宝光记录，后又增加观测雨滴的大小、数量和雪花的形状、大小等。历时 13 个月的观测，获得了许多珍贵的资料。

当时设立了两个高山测候所，一个设在四川峨眉山，另一个设在山东泰山。

▲ 四川峨眉山和 1932 年国际极年气象观测手稿（含四川峨眉山和山东泰山）

1953 年，为保障服务国家“一五”计划建设，短期天气预报的服务重点，开始转向工业、农业、林业、交通、水利、电业、粮食、砖瓦等部门，以及各级党政领导机关，后来逐渐加入了中期预报和长期预报。1956 年 7 月 1 日开始，短期天气预报开始公开在广播电台、报纸播放和刊登，并组成全省性的“天气预报收听网”，标志着公众气象服务时代的来临。

1969 年 10 月，成都中心气象台配备了我国研制生产的“APT”（自动图像传送）极轨气象卫星云图接收设备，开始试验性接收美国发射的“ESSA”（艾萨）极轨气象卫星发送的云图资料。1971 年 10 月，成都中心气象台又率先配置中国研制成功的“711”型天气雷达，并于 1972 年 4 月起用于人工降雨和人工防雹作业的天气监测。

▲ 20 世纪 50 年代，巴塘县气象站预报员郑家骅在进行观测

▲ 20 世纪 60 年代的人工增雨作业

▲ 1960 年，为了建设三峡水库、电站，中央气象局派李小泉，四川省气象局派尹树新、陈淑全、程世华等专家到宜宾气象台进行降水预报试点，试点工作结束后工作组专家合影留念

▲ 1962 年 2 月 18 日，甘孜藏族自治州第三届气象工作会议在康定召开，参会代表合影留念

▲ 1965 年 5—7 月，宜宾专区气象台承担学生观测实习任务

▲ 1962 年 10 月，宜宾专区气象会议全体同志合影

▲ 1965 年 5 月，宜宾专区气象系统第一次政治工作会议参会人员合影

▲ 1977 年宜宾地区气象局长会议合影

▲ 1977 年宜宾地区测报工作会议合影

▲ 20 世纪 70 年代，气象科技人员参加宜宾地区科协会议合影

▲ 20 世纪 70 年代，宜宾地区气象局职工参加全省测报技术表演赛合影

▲ 20 世纪 70 年代，宜宾专区气象台测报人员正在观测

▲ 20 世纪 70 年代，气象工作人员正在观测

▲ 20 世纪 70 年代，气象工作者在石桌上勾画风雨图

改革开放 万象更新篇

（1978—2007 年）

改革开放以后，四川气象事业全面发展，新技术新思维得以全面应用，通过“引进来”和“走出去”，对外交流逐步增多。新一代天气雷达、风云气象卫星、地面自动气象站和大型电子计算机应用催生了数值预报模式，气象服务对国民经济建设和国防建设的重要性凸显。长征系列火箭发射、“西南涡”研究、电视天气预报、手机气象短信发布……四川气象事业迎来全面提速时期。

台站建设

经过改革开放 30 年的努力，全省气象部门已形成地面气象观测为主，卫星、雷达、大气成分、GPS 水汽、太阳辐射、生态监测、雷电监测等多要素的气象监测业务。全省建成新一代天气雷达 6 部、辐射站 7 个、紫外线监测点 2 个、酸雨站 10 个、天气雷达站 21 个、闪电监测站 18 个、大气成分观测站 1 个，完成了 140 个地面气象观测站自动化改造，建成区域气象观测站 1000 多个。

1983 年，阿坝州气象局 ▶

1986 年建成的四川省气象局综合业务楼 ▶

▲ 1994 年，成都区域气象中心成立

▲ 20 世纪 90 年代的德阳市气象局办公楼

◀ 2005 年，阿坝州气象局

◀ 2006 年建成的四川省气象局雷达塔楼

◀ 21 世纪初的德阳市气象局

都江堰市气象局

乐山市气象局

甘孜县气象局

遂宁市气象局

雅安市气象局

▲ 组图：21 世纪初建成的气象业务楼

广元市气象局

内江市气象局

南充市气象局

资阳市气象局

气象现代化设备和服务平台

1978 年，党的十一届三中全会召开。1978 年 12 月 29 日至 1979 年 1 月 16 日召开的全国气象局长会议上，明确提出要把气象工作的重点转移到以提高气象服务经济效益为中心的轨道上来，转移到气象现代化建设上来。1984 年，中央气象局出台《气象现代化建设发展纲要》，落实文件要求，四川省全面启动气象现代化建设，四川气象转为以计算机应用开发为重点，全面带动各项业务的现代化建设。

▲ 1986 年，四川省气象局卫星云图接收设备（上）和洗片设备（下）

▲ 1988 年，成都气象广播发信台辐射半径为 1.6 千米的发射机（上）和监控台（下）

▲ 1994 年，成都市气象局直属站 701 雷达天线

▲ 1994 年，成都市气象局直属站开展小球测风业务

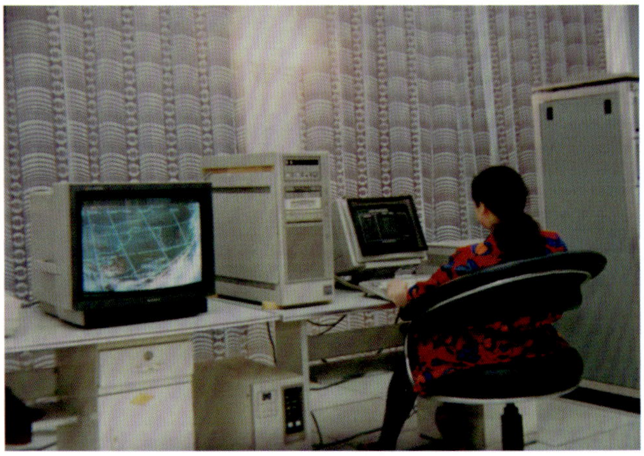

▲ 1994 年，四川省气象局极轨卫星遥感监测系统

▲ 1994 年，四川省气象台使用的自动填图机

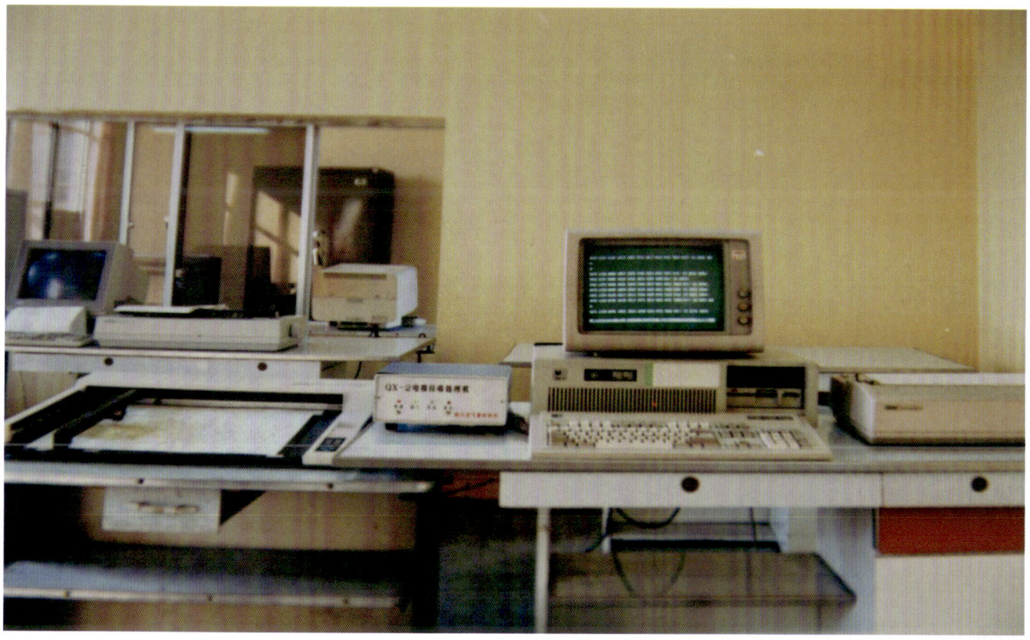

▲ 1994 年，供地市州气象台使用的报 – 图自动化系统

▲ 20 世纪 90 年代，四川省气象台开发的暴雨预报专家系统

▲ 2003 年开发应用的西南区域地质灾害气象预报预警系统

▲ 2006 年投入使用的新一代雷达系统

▲ 2006 年开发应用的四川决策气象服务系统

▲ 21 世纪初开发的以气象手机短信为基础的省级自然灾害预警发布平台

地面观测及预报

▲ 1988 年，宜宾地区气象局在湄州湾电站进行大气环境评价测试

▲ 1990 年，气象工作人员在南江县陈家山临时观测点工作情景

▲ 1991 年，凉山州气象局利用计算机进行水稻产量预报

▲ 1994 年，在康定子耳坡，甘孜州气象局观测组藏族气象工作人员在进行地面观测

▲ 1996 年 5 月，攀枝花市气象局建设观测点进行攀枝花机场第一次风切变考察，图为攀枝花市气象工作人员进行施放气球前的准备工作

▲ 1997 年，理塘县气象局测报值班人员正在拍发天气报告

气象服务体系初步建立

决策气象服务

◀ 2003 年 3 月 28 日，四川省气象局与广安市人民政府举行脐橙气候适应性区划合作协议签字仪式

◀ 2004 年，雅安气象人走访石棉雷灾村

▲ 2005 年 3 月 6 日，四川省气象局副局长钟晓平（左一）向凉山州委常委张中由（左二）移交烤烟气候区划成果报告

▲ 2005 年 3 月 7 日，四川省气象局与攀枝花市人民政府烤烟气候适应性论证研究及区划成果交接仪式在攀枝花会展中心举行

▲ 2005 年夏天，南充市顺庆区鱼龙乡人民政府给南充市气象局专业气象台送锦旗，感谢准确温馨的气象服务为防灾减灾工作做出的积极贡献

▲ 2006 年，宜宾市出现有气象记录以来特大高温伏旱，市气象局提供了及时有效、周到细致的气象服务，被省委省政府表彰为“四川省 2006 年抗旱减灾工作先进集体”

▲ 2006 年，四川东北出现百年一遇的特大伏旱，全省气象部门全力以赴开展气象服务，以准确的预测和人工增雨工作，为夺取抗旱胜利做出了积极贡献

▲ 2007年2月，四川省气象局、资阳市人民政府在资阳市气象局举行“玉米种植避旱改制气候适应性论证及区划”成果交接仪式

▲ 2007年8月25日，雅安市出现大暴雨，气象服务在防灾减灾中发挥了积极作用，中央电视台关注并采访报道

专业气象服务

▲ 2004 年，阿坝州气象局在巴朗山设置气象观测点，为隧道施工建设提供气象依据

▲ 2005 年 10 月，宣汉县气象局开展井喷气象服务

▲ 2007 年，四川气象部门为“嫦娥一号”卫星发射提供气象保障服务，卫星顺利升空后工作人员热烈鼓掌祝贺

▲ 2007 年，阿坝州气象局在红原机场开展气象观测服务

公众气象服务

为集约四川省气象影视设备、节目、广告等资源，强化气象影视职能、改善气象影视手段、增加气象影视产品、提高气象影视质量，通过构建四川气象影视公众气象服务平台，开展全省高质量电视气象影视节目的公众气象服务，创造出较好的社会效益和经济效益。在完成每天 15 套《天气预报》节目的基础上，开办了《一周天气回顾与展望》周播节目。

▲ 21 世纪初，工作人员在后期合成四川省电视天气预报节目

▲ 2003 年，四川省区域性大雾天气引起媒体广泛关注

▲ 2004 年，开展气象信息服务满意度调查

◄ 2006 年，制作四川伏旱相关气象电视专题访谈节目

◄ 2007 年 7 月 7 日，广安市气象局信息员深入一线采集洪水灾情素材

◄ 2007 年 9 月 30 日，广安市气象台台长王晓芳接受电视台采访，分析国庆长假天气情况

气象助力乡村振兴

▲ 1989 年，宜宾地区气象局进行烤烟气象服务

▲ 1995 年，阿坝县遭遇冰冻灾害，气象工作人员到达阿坝县求吉乡现场开展气象服务

▲ 2004 年 6 月，科技人员进行茶叶区划调研

▲ 2004 年 8 月，科技人员进行烤烟区划调研

▲ 2004 年 8 月，乐山市气象科技人员为农村茉莉花种植提供服务

▲ 2006 年 4 月，农业气象科技人员深入田间了解小春作物产量

人工影响天气

2003年，四川省政府出资为各市州配备车载增雨火箭 ▶

2003年，为了缓解旱情，四川省人工影响天气办公室开展人工增雨作业，飞机从广汉飞行学院起飞 ▶

2004年，达州市气象部门车载火箭人工增雨作业 ▶

▲ 2005 年，开展人工增雨作业，增加水库蓄水

▲ 2005 年 1 月，阿坝州气象局、汶川县气象局在马尔康森林火灾现场开展森林火险服务

▲ 2005 年 5 月，凉山州人工影响天气工作人员在夜间进行人工增雨作业

▲ 2005 年 6 月 5 日，人工增雨（雪）在森林灭火中发挥作用

▲ 2005 年 6 月，人工增雨（雪）效果检测

▲ 2006 年，成都市人工影响天气办公室防雹人员在炮点为桃花盛开保驾护航

科技创新体系初步建立

改革开放以来，四川省气象部门积极推进气象科研机制和体制创新，与高等院校、科研院所广泛开展科研合作，大力对中国气象局成都高原气象研究所进行改革，1979 年 5 月，依靠中国自己的学术力量，首次在青藏高原上开展气象科学试验工作。这次高原气象科学试验和相应研究工作，从 1978 年制订实施方案到全部试验工作结束，历时 5 年，在高原气象、数值预报技术、农业气象、气候变化研究方面取得了一系列成果。为加强青藏高原气象科学研究，1984 年国家气象局赋予四川省气象科学研究所“成都高原气象研究所”的名称。

▲ 2004 年，成都高原气象研究所办公楼（左）和引进的“曙光”高性能计算机（右）

▲ 2004 年，成都高原气象研究所通过了国家科技部、财政部、中编办联合组织的专家评估验收，科技体制改革与发展取得重要的阶段性成果

▲ 2004 年，四川省气象局聘请合作科研单位相关领域专家

▲ 2005 年，成都高原气象研究所通过中国气象局“一院八所”体制改革评估

▲ 2005 年 11 月，成都高原气象研究所建立的理塘综合大气观测站正式投入运行

▲ 21 世纪初，甘孜州气象科研人员开展高原湿地环境监测

▲ 21 世纪初，甘孜州气象局进行高寒山地林木育苗移栽气象条件研究

▲ 21 世纪初，气象科技人员在测量高寒山地林木育苗移苗产量

◀ 21 世纪初，气象科技人员在高原地区做西南涡加密观测试验

◀ 2007 年 5 月，成都高原气象研究所的“气候变化对九寨—黄龙核心景区水循环的作用”研究获省政府表彰

开展交流合作

1984年3月20—24日，国家气象局、中国气象学会、中国科学院、美国气象学会、美国国家科学基金会、美国国家大气海洋管理局及世界气象组织，在北京联合召开“国际青藏高原及山地气象科学讨论会”。四川省气象局的《青藏高原夏季风时期的水汽收支》及《那曲地区低涡切边回波特征分析》两篇论文在会上交流。

随着预报技术的不断提高，气象部门与外部的交流合作越来越多，越来越深入，从国内的决策、行业服务合作延伸到对国际交流合作。

▲ 1992 年，四川省气象局黄福均参与长征运载火箭发射气象保障工作

▲ 20 世纪 90 年代，四川省气象局黄福均赴美国学习交流

▲ 1995 年 6 月 13 日，二滩水电站一标古马先生来攀枝花市气象局洽谈汛期气象服务问题，双方达成合作协议

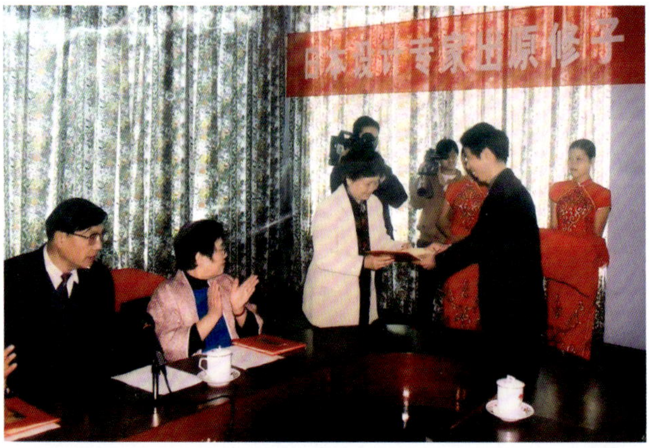

▲ 2002 年 10 月 23 日，四川省信息工程学校（今中国气象局气象干部培训学院四川分院）聘请日本蜡染专家作兼职教授

▲ 2004 年 11 月 8 日，邀请加拿大专家讲解风能资源利用

▲ 2007 年 6 月 24—30 日，成都高原气象研究所和中国科学院联合举办中美学术研讨会

气象科普宣传

▲ 2005 年，四川省气象局开展纪念“3 · 23”世界气象日活动

◀ 2007 年，小学生参观甘孜州炉霍县气象局观测场

◀ 2007 年，乐山市五通桥区气象局和区委宣传部共同举办气象灾害防御知识竞赛

◀ 2007 年，四川省气象局“大雾追踪行动”启动仪式

▲ 2007 年，加强对中小学生的气象科普教育

▲ 2007 年，开展防雷科普进校园活动

2008·5·12

风雨同舟 守望相助篇
（2008 年）

正当四川气象事业全面发展，各项业务全面开花之际，2008 年 5 月 12 日，汶川特大地震突如其来。天崩地裂之后，家园破碎，亲人离去。四川气象部门遭遇了史无前例的灾难，正在大踏步前进的气象事业遭受重大损失。在中国气象局和四川省委省政府的坚强领导下，在全国气象部门的鼎力支持下，四川气象人含泪挺起了不屈的脊梁，只争朝夕，呕心沥血，经过一千多个日夜的辛勤奉献，一个个美丽的家园重新建立，一个个现代化台站相继建成，气象业务能力得到了大力提升。

灾情

忘不掉那些梦魇般的日子，挥不去那些镌刻在心灵深处的创伤。2008 年 5 月 12 日，是一个令我们痛彻心肺、不堪回首的日子。在那些血泪交织、与命运悲壮大搏击的艰难困苦时刻，在中国气象局的坚强领导下，在全国气象部门的鼎力支持下，四川气象人直面苦难，含泪挺起了不屈脊梁，演绎了一曲荡气回肠的抗灾救灾壮歌。

台站受损情况

▲ 震后的北川羌族自治县气象局办公楼及观测场

▲ 震后的汶川县气象局办公楼

▲ 震后的理县气象局办公楼

▲ 震后都江堰市气象局垮塌的大门和围墙

▲ 震后安县气象局倒塌的房屋

▲ 震后的平武县气象局

▲ 震后的德阳市气象台会商室

▲ 震后的德阳市什邡气象观测站

▲ 震后的绵阳市江油县武都镇炮点

▲ 震毁的绵阳市绵竹市炮点

经历地震洗礼的气象人

▲ 北川羌族自治县气象局职工紧急转移

▲ 汶川县气象局职工家园被毁，人们无家可归

▲ 四川省气象局疏散职工家属

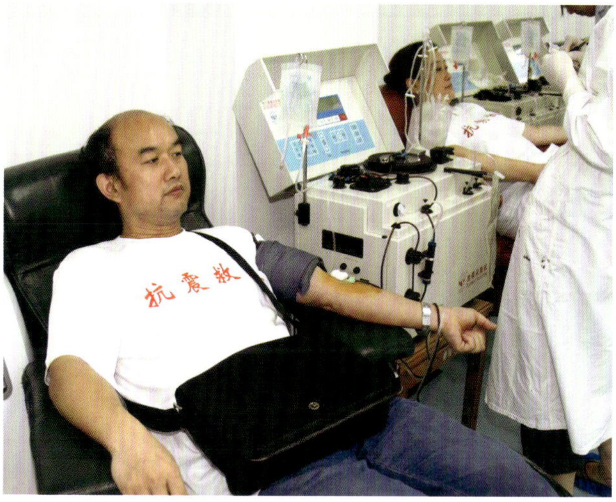

▲ 四川省气象局组织职工献血

▲ 四川省气象局职工沉痛悼念遇难者

▲ 绵阳市气象局统一安排职工食宿

救援

在最困难的时刻，灾区人民需要气象，抗震救灾需要气象，预报不能停！观测不能断！忍受着痛失亲人的悲怆，四川气象人挺起了不屈的脊梁。他们余震频袭不畏惧，危险面前不退缩，用执着和坚守，挺立在抗震救灾气象服务最前沿。

及时做好气象保障

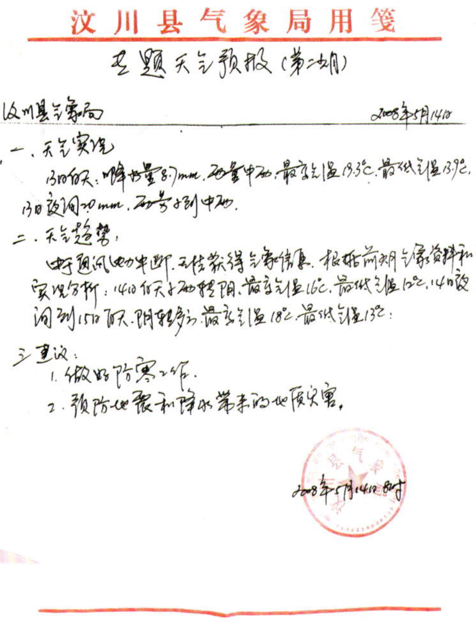

汶川县气象局用笺

专题天气预报（第二期）

汶川县气象局 2008年5月14日

一、天气实况

13日白天：降水量8.7mm，雨量中雨，最高气温13.3℃，最低气温13.9℃，

13日夜间10mm，雨量小到中雨。

二、天气趋势：

由于通讯电力中断，无法获得气象信息，根据前期气象资料和实况分析：14日白天小雨转阴，最高气温16℃，最低气温12℃，14日夜间到15日白天，阴转多云，最高气温18℃，最低气温13℃；

三、建议：

1. 做好防寒工作。

2. 预防地震和降水带来的地质灾害。

2008年5月14日8时

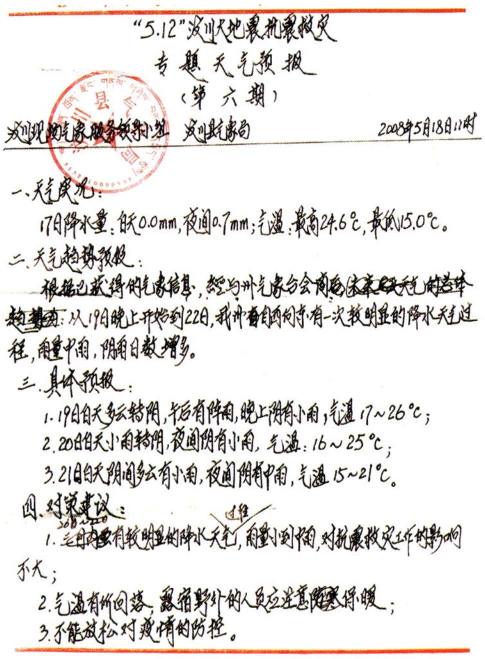

“5.12”汶川大地震抗震救灾

专题天气预报

（第六期）

汶川抗震气象服务领导小组 汶川县气象局 2008年5月18日11时

一、天气实况：

17日降水量：白天0.0mm，夜间0.7mm；气温：最高24.6℃，最低15.0℃。

二、天气趋势预报：

从19日晚上开始到22日，我州自西向东有一次较明显的降水天气过程，雨量中雨，阴雨日数增多。

三、具体预报：

1. 19日白天多云转阴，午后有阵雨，晚上阴有小雨，气温17~26℃；

2. 20日白天小雨转阴，夜间阴有小雨，气温：16~25℃；

3. 21日白天阴间多云有小雨，夜间阴有中雨，气温15~21℃。

四、对策建议：

1. 有较明显的降水天气过程，雨量小到中雨，对抗震救灾工作的影响不大；

2. 气温有所回落，露宿野外的人员应注意防寒保暖；

3. 不能放松对疫情的防控。

▲ “5 · 12”汶川大地震抗震救灾期间，汶川县气象局手写的专题天气预报服务材料

▲ 2008 年 5 月 12 日晚，四川省气象局局长赵广忠（中）在应急指挥车上部署下一步工作

▲ 2008 年 5 月 13 日，绵阳市气象局救援队徒步赶赴北川救援

▲ 5 月 14 日，四川省气象局召开首场抗震救灾情况新闻通气会

▲ 5 月 14 日，余震不断，四川省气象局纪检组长陈哲明（中）加强安全巡查

▲ 5 月 17 日，四川省气象局组织军地联合气象保障小分队赶赴抗震救灾前线

▲ 5 月 28 日，省市防雷中心人员在都江堰临时安置点开展防雷检测

唐家山堰塞湖抢险气象保障服务工作

“5 · 12”汶川大地震引发的大量山体滑坡阻塞了河道，四川震区形成的堰塞湖有34处，严重威胁下游群众生命安全。北川羌族自治县唐家山、安县茶坪河肖家桥、平武县南坝、青川县石板沟、绵竹市黑洞崖等堰塞湖形势严峻。2008 年 5 月 16 日，四川省气象部门多措并举，积极为堰塞湖的排险提供气象保障，服务抗震救灾工作。

◀ 在唐家山堰塞湖安装自动气象站

◀ 为堰塞湖排险安装“北斗星”自动气象站

◀ 2008 年 6 月，返聘退休老专家进行重要天气会商指导

◀ 2008 年 6 月，四川省气象局局长赵广忠（右一）在唐家山堰塞湖排险现场查看险情。决策气象服务在排险工作中发挥了参谋作用

在震中坚守的气象人

▲ 四川省气象局副局长钟晓平（后排右一）指导并参与一级气象保障服务

▲ 地震救援中雅安气象局（上）、绵阳气象局（下）的“新家”

气象职工在帐篷里坚守工作岗位、进行天气会商 ▶

气象职工在废墟中抢救人工影响天气设备 ▶

气象职工抢救办公设备 ▶

气象职工挖掘抢救北川气象资料 ▶

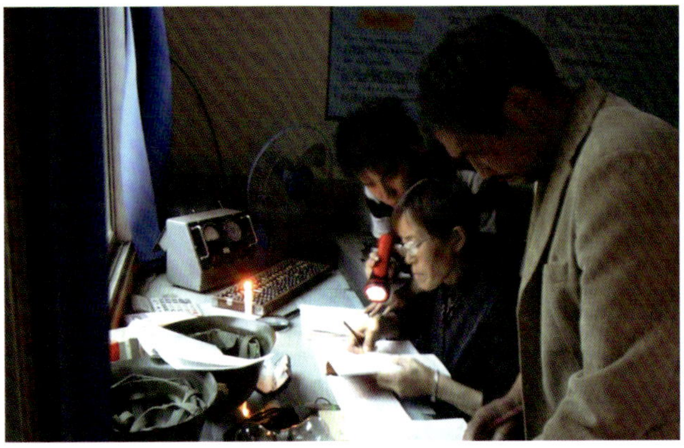

▲ 汶川县气象局职工地震中坚持观测

▲ 抢建自动站

▲ 理县古尔沟应急观测点

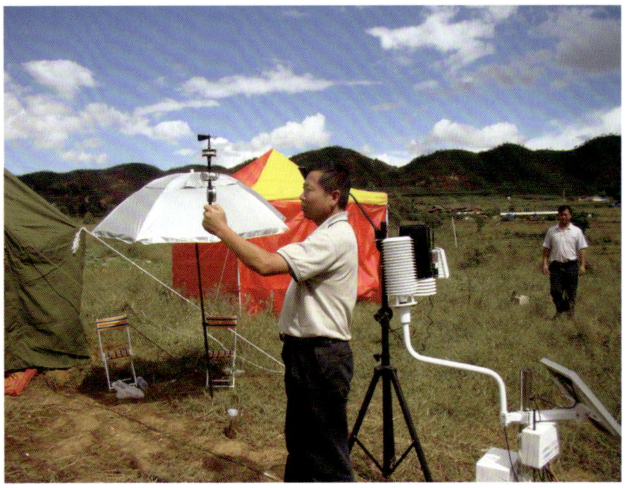

▲ 野外观测

▲ 2008 年 5 月 16 日，四川省气象台一级气象保障服务现场

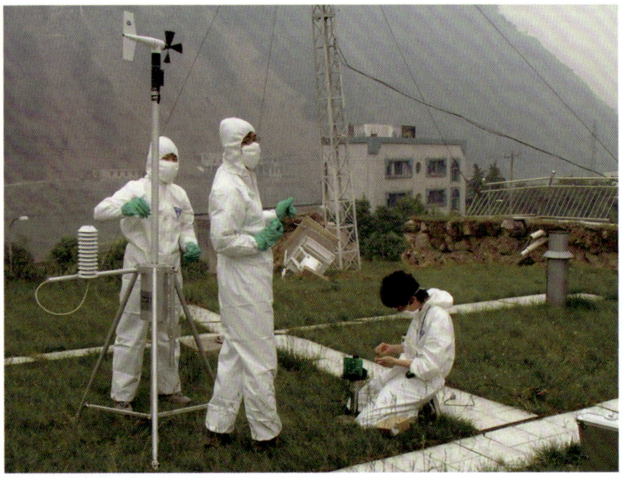

▲ 2008 年 5 月 23 日，绵阳市气象局组织人员在北川羌族自治县气象局原观测点建立应急气象观测点

▲ 资阳市气象局派出业务技术人员支援地震灾区

▲ 震区应急观测

▲ 灾区防雷安全检测

▲ 清理救援道路上的障碍物

▲ 将救援物资送往灾区

▲ 四川省气象局与成都信息工程学院开展灾区防雷宣传

▲ 射洪县气象职工到帐篷里宣传普及避灾知识

▲ 四川省气象局在抗震救灾中因提供优质气象服务获赠锦旗

▲ 阿坝州气象局获中国气象局表彰

▲ 阿坝州气象局获四川省委、省政府表彰

感恩

▲ 5 月 14 日，重庆市气象局雨夜送来救援设备

5 月 17 日，青岛市气象局为四川灾区送来急需的 6 部卫星电话和 21 顶帐篷 ►

5 月 18 日，受中国气象局计财司委托，重庆市气象局连夜将紧急采购的 20 台 IBM 手提电脑送达四川省气象局 ►

▲ 5 月 19 日，中国气象局派出的第二批预报专家抵达四川省气象局

▲ 5 月 20 日，中国气象局支援四川灾区气象部门的应急救灾车辆送到四川省气象局。四川省气象局立即将应急救灾车辆分配到重灾区的汶川、茂县、理县、北川、什邡、绵竹、青川、安县气象局，以帮助这些局站尽快恢复正常工作生活状态，提高抗震救灾应急能力，为抗震救灾提供更加优质的服务

▲ 6 月 23 日，黑龙江省气象局副局长杨卫东（左二）不远千里携带总价值 4 万余元的 4 台笔记本电脑送到四川省气象局

重建

在中国气象局的坚强领导下，在全国气象部门的鼎力支持下，四川气象人信心满怀，全力以赴建设美好家园，竭尽全力创建一流的工作环境和设施。

▲ 气象部门灾后恢复重建工作会议

▲ 全省气象部门恢复重建暨气象服务工作会

▲ 全省气象部门恢复重建项目编制工作会议

▲ 气象部门灾后恢复重建对口支援座谈会

▲ 全省气象部门灾后恢复重建培训班

灾后重建工作部署

◀ 2008 年 12 月，中国气象局局长郑国光（右二）指导四川灾后重建工作

◀ 2009 年 3 月，四川省气象局主持工作的副局长彭广（右二）看望北川羌族自治县气象局职工

◀ 四川省气象局为灾区气象职工送取暖设备

▲ 2008 年，地震灾区青少年气象夏令营开营

▲ 2008 年，奥运火炬四川传递气象保障服务现场

灾后重建成果

四川省气象部门开展了史无前例的业务系统恢复重建，包括公共服务系统、气象综合观测系统、预报预测系统、信息网络系统、气象应急系统、气象会商系统、省级信息网络系统灾难备份中心 7 个业务系统的灾后恢复重建，涵盖 130 个市、州、县气象局和省局大院。

▲ 绵阳市气象局及新一代天气雷达塔楼

▲ 德阳市气象局

▲ 绵竹市气象局

▲ 都江堰市气象局

▲ 雅安市荥经县气象局

◀ 红原县气象局

◀ 彭州市气象局

▲ 德阳市中江县气象局

▲ 绵阳市北川羌族自治县气象局

▲ 阿坝州汶川县气象局

▲ 阿坝州理县气象局

甘孜州丹巴县气象局 ▶

巴中市通江县气象局 ▶

广元市青川县气象局 ▶

创新驱动 复兴筑梦篇

（2009—2019 年）

四川气象人紧紧团结在以习近平同志为核心的党中央周围，励精图治，奋发进取，在气象现代化建设方面取得突出成就，气象服务体系不断完善，形成了完善的气象科技创新体系，人才强局战略突显成效，气象法规建设成绩斐然，气象助力乡村振兴成果丰硕。

台站建设

气象事业在防灾减灾工作中具有重要的基础性作用，是服务四川经济社会高质量发展不可缺少的现代科技力量。四川省委省政府高度重视气象工作，省直各有关单位和各级党委政府大力支持气象工作，双方合作共建取得突出成绩，四川气象现代化综合水平显著提高，气象信息网络支撑能力整体上达到全国中上水平，四川气象工作迈上新台阶。

▲ 宜宾市气象局

▲ 南充市气象主题公园

▲ 宜宾市气象站航拍图

▲ 峨眉山市符溪新站全景

▲ 乐山国家基准气候站

▲ 成都市气象监测预警中心

▲ 五通桥区气象局雷达外貌

▲ 雅安市新一代天气雷达俯瞰

▲ 康定国家天气雷达站

▲ 九寨沟县气象局标准化观测场

▲ 宜宾市气象局观测场

气象现代化设备

经过 70 年的努力，全省气象部门已形成地面、高空、雷达为主，农业、大气成分、GNSS/MET 水汽、雷电、卫星等多要素立体化的综合气象观测业务；建成了“风云三号”“风云四号”气象卫星接收系统；建立了省、市、县三级技术保障体系，运行监控、维护维修、装备供应和计量检定四大功能进一步强化；建立了雷达、自动站、雷电观测站等观测设备运行状况实时监控系统。

▲ 碘化银发生器

▲ 现代农业室外自动气象站

◀ 风廓线雷达

◀ 风雷达云高仪

◀ 温廓线及气溶胶激光雷达

▲ 称重式降水传感器

▲ 温湿度传感器

▲ 光电式数字日照计

▲ 总辐射计

▲ 微波辐射计

▲ 盐边县气象局雨滴谱仪

▲ 大气电场仪

▲ 降水现象仪

▼ 大气成分站

▼ 能见度仪

▲ 彭州大气环境气象综合监测基地 100 米大气边界层梯度观测铁塔

▲ 马边彝族自治县北斗卫星气象监测站（上）和山洪气象监测站（下）

▲ 2018 年，罗江区气象局建成“风云四号”气象卫星地面接收站

▲ 宜宾 3L 波段高空探测雷达

气象信息系统和平台

经过 70 年的发展，初步实现了集约化的气象信息业务系统发展格局。基于全国综合气象信息共享平台（CIMISS）构建了省级气象数据环境和基础设施资源池，广泛采用“省级部署、省市县三级直接应用”的扁平化业务模式，直接支撑了全省 MICAPS4 系统、四川省精细化预报业务平台、县级综合观测业务集成平台、四川省气象业务内网、四川省市县公共气象服务系统等业务系统的高效应用，为全省综合气象观测、气象预报预测和公共气象服务等业务发展提供了强有力的信息化支撑。

▲ 四川省气象局 IBM 高性能计算机

▲ 现代化信息网络系统

▲ 四川省气象局精细化预报平台

▲ 市县一体化业务平台

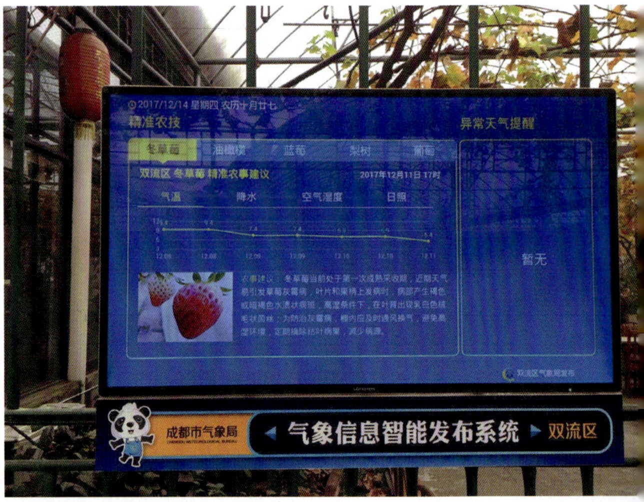

▲ 双流区气象业务平台

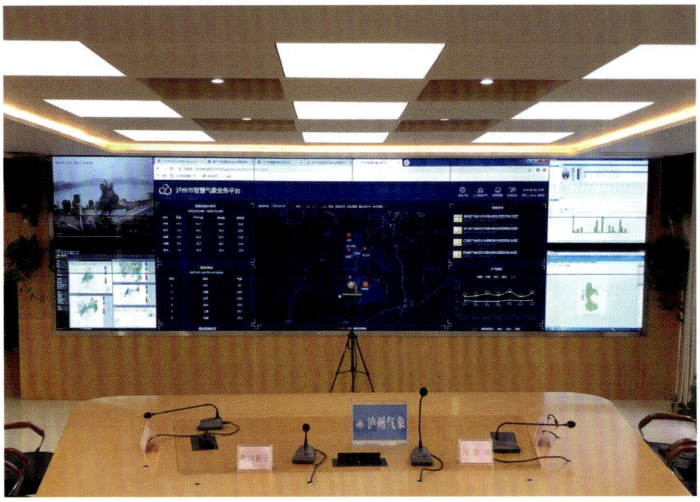

▲ 智慧气象平台

▲ 气象信息智能发布系统

▲ 气象业务平台

▲ 气象会商平台

▲ 青川县气象科普馆

▲ 九寨沟县气象局远程教育平台

▲ 遂宁市气象业务平台

▲ 汶川县气象局业务多功能平台

气象服务体系日趋成熟

70 年来，四川省建立了以天气、气候业务为主体的基本气象业务体系，开展了人工影响天气、农业气象、雷电防护和农经网等业务，组建了相应的地方气象事业机构，气象综合防灾减灾机制不断健全，形成以决策气象服务、公众气象服务、专业气象服务、气象助力乡村振兴和生态文明气象保障为板块的气象服务系统，气象业务、服务领域得到拓展，业务水平和服务能力明显提高，取得更加显著的社会效益和经济效益。

▲ 准确预报寒潮伴大雪天气过程

决策气象服务

四川省气象部门经受住了年均7～8次的区域性暴雨天气过程，以及2008年“5·12”汶川特大地震、2013年“4·20”芦山强烈地震、2016年白龙湖“6·4”重大沉船事故、2017年“8·8”九寨沟地震、2017年“6·24”茂县特大山体滑坡、2018年“10·11”金沙江白格堰塞湖等多重自然灾害带来的急难险重的气象保障工作考验，决策气象服务的针对性明显加强，气象防灾减灾第一道防线的作用不断凸显。

在自然灾害面前，气象人变得更加成熟、坚定和自信。

◀ 2013年，雅安芦山发生地震，四川省气象局工作人员抢修气象仪器设备

◀ 2013年，雅安芦山发生地震，四川省气象局气象应急车当天便赶到了芦山

▲ 2019年6月17日，宜宾市长宁县发生6.0级地震。6月18日，长宁县气象局应急气象保障小组在长宁双河震中架设便携式自动气象站

◀ 6月19日，四川省气象局党组书记、局长彭广（右二）赶赴震中长宁双河镇指导抗震救灾气象服务工作

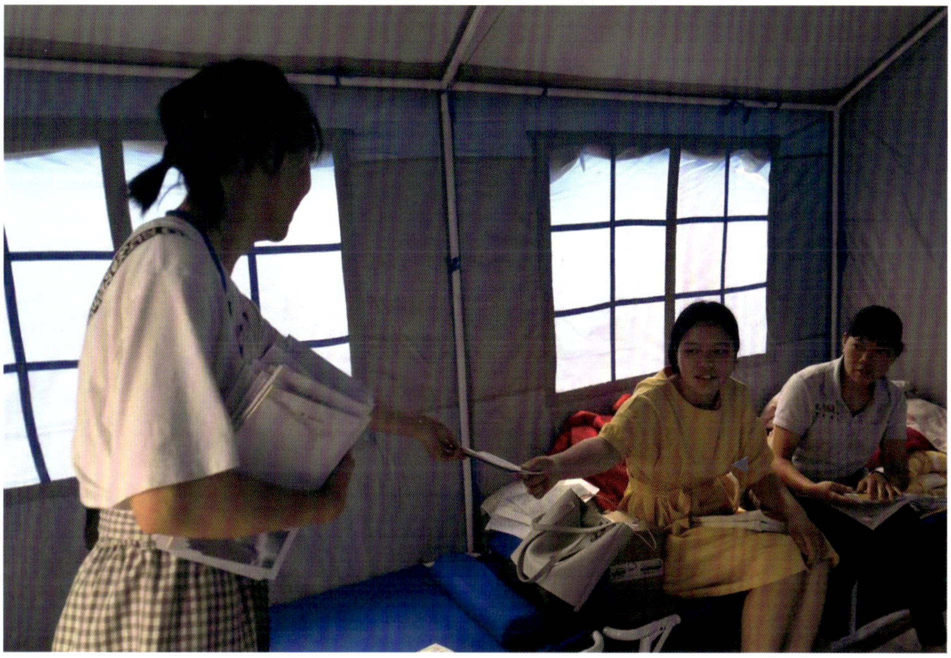

▲ 6 月 23 日，气象工作人员把《震后气象灾害防御指南》等科普资料送到受灾群众手中

◀ 6 月 20 日，灾区第一支避雷针在双河中学受灾群众集中安置点安装完成

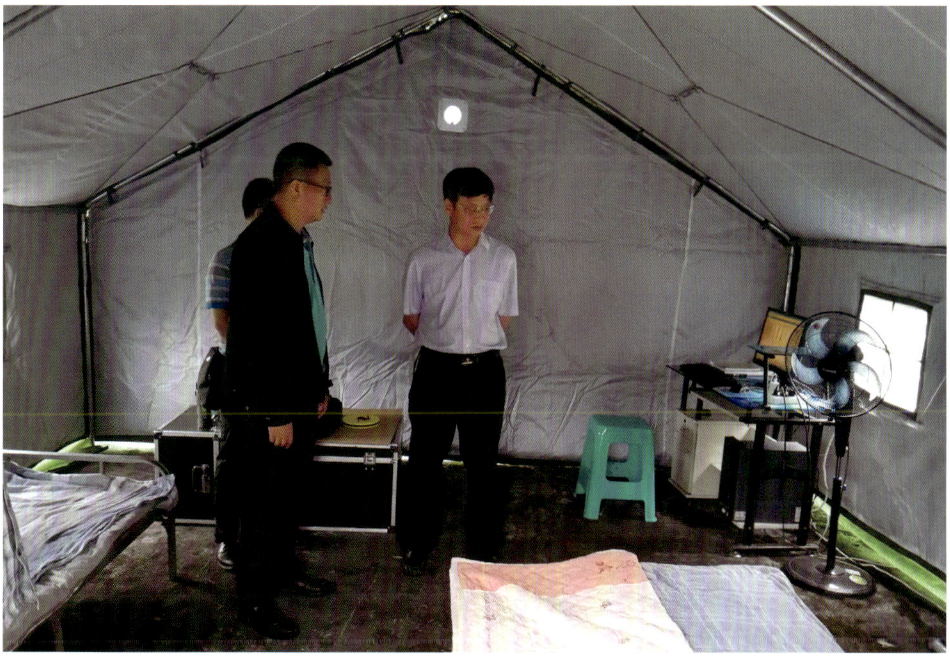

▲ 6 月 24 日，珙县发生 5.8 级余震，四川省气象局副局长陈忠明（左二）再次赶赴珙县指导抗震救灾工作，并看望慰问气象干部职工

专业气象服务

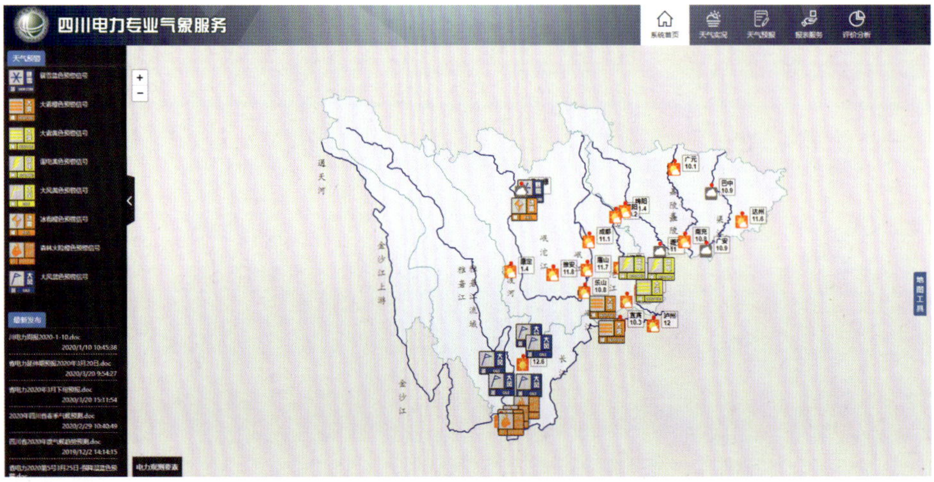

◀ 四川电力专业气象服务

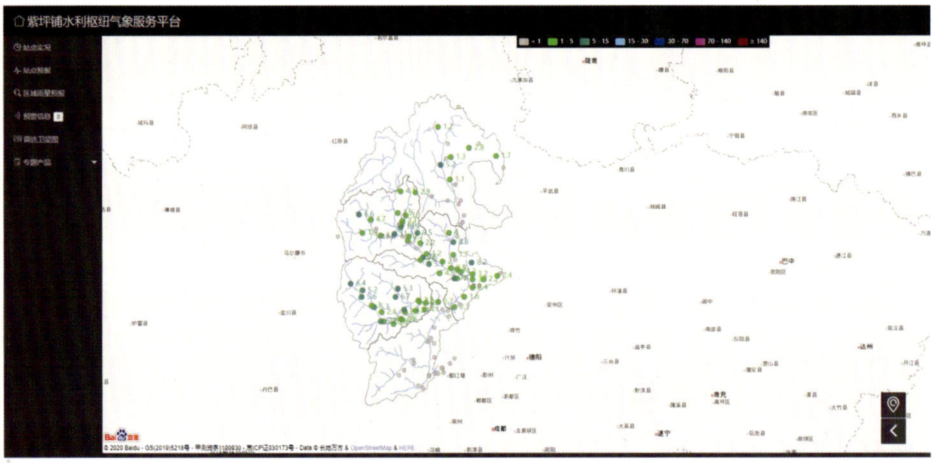

◀ 紫坪铺水利枢纽气象服务平台

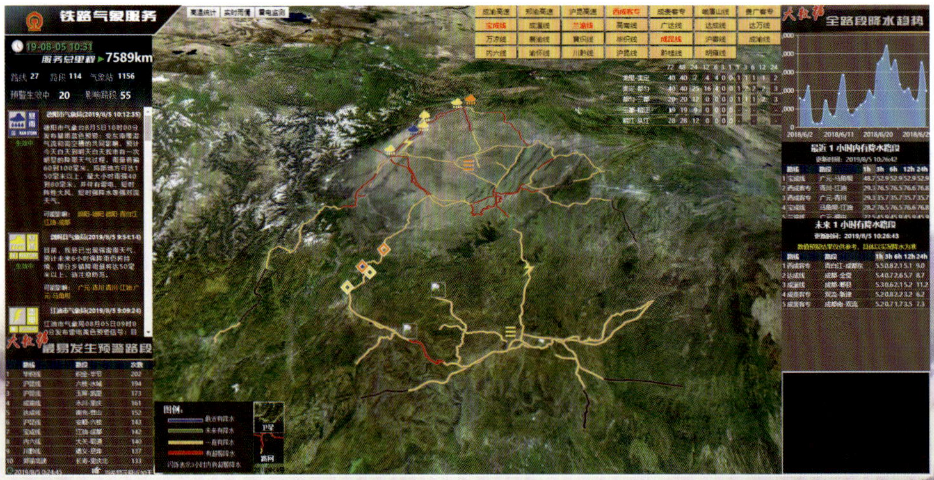

◀ 铁路气象服务

▲ 西南管道专业气象服务

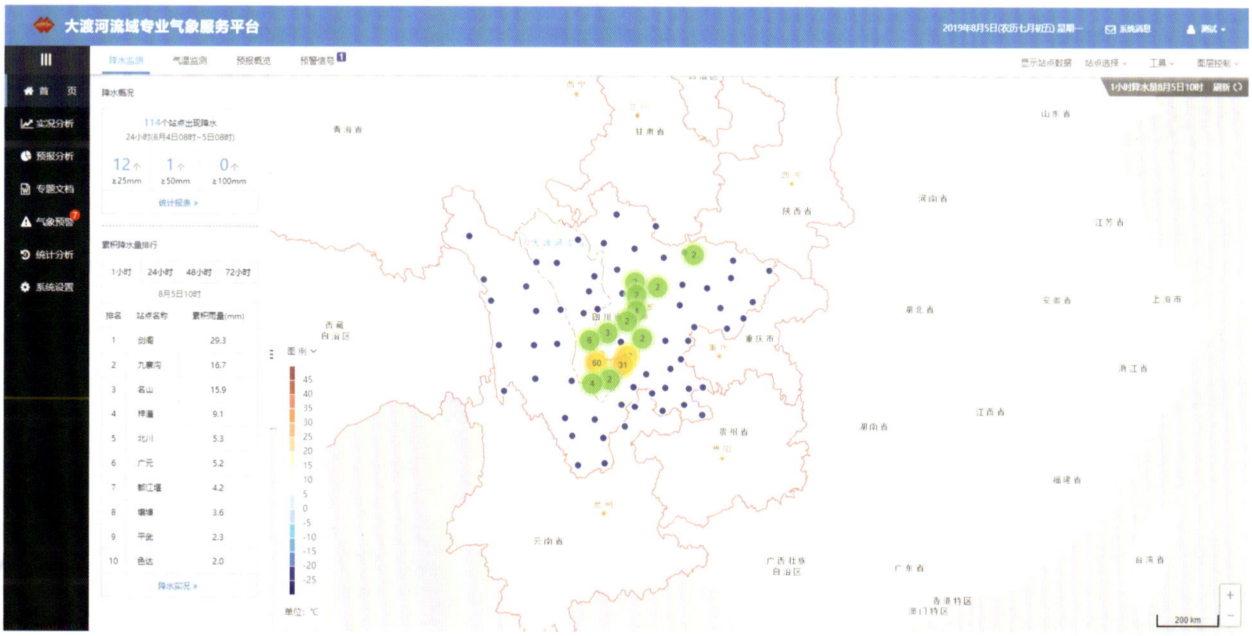

▲ 大渡河流域专业气象服务

公众气象服务

▲ 2011 年，四川省气象服务中心完成三讯道高清数字演播室改造建设和对四川电视台《天气预报》栏目光纤传输系统建设

▲ 四川省地质灾害气象预警预报电视栏目

▲ 四川省气象局高清演播室和绿屏抠像系统

▲ 四川省气象局演播室高清摄像机

▲ 雅安市气象局高清演播室

▲ 四川气象融媒体可视化大屏

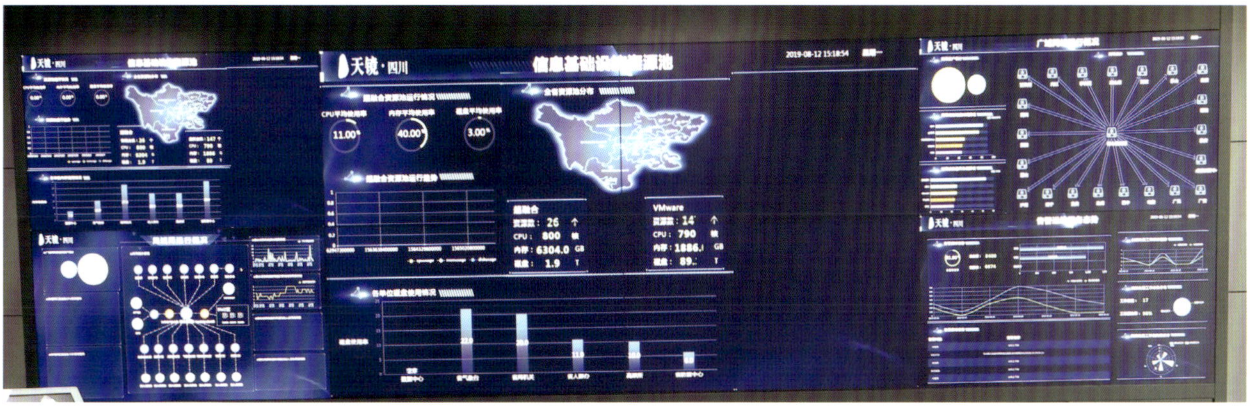

▲ 2018 年，四川省气象综合业务实时监控系统——天镜建成

▲ 2019 年 3 月，四川省气象局在抖音短视频平台注册开通官方账号

▲ 四川气象官方微博开通后，粉丝数已达 38 万

▲ 九寨沟县国家突发事件预警信息中心

▲ 九寨沟大屏幕天气预报

生态文明气象保障

▲ 2019 年 2 月，阿坝州气象局在高寒地区进行人工影响天气作业

▲ 2019 年 3 月，木里森林大火气象保障

▲ 2019 年 12 月 18 日，四川省气象局举办“生态气候资源新品牌 美丽四川文旅新名片——2019 四川特色气候小镇”发布会

气象防灾减灾

▲ 甘孜州气象局检修雷达

▲ 2012 年 5 月，乐山市气象局参加乐山市防灾救灾综合实战演练

▲ 阿坝州气象局安装便携式自动站

▲ 2016 年 6 月，九寨沟县气象局开展旅游景区风灾调查

▲ 阿坝州气象局检测人工影响天气作业车辆

气象助力乡村振兴

▲ 2013 年 3 月，农业气象中心工作人员认真做好为农气象服务

▲ 2017 年，德阳市气象局领导慰问贫困户

▲ 2018 年，四川省气象局驻村干部入户调查、走访贫困户

▲ 2018 年 5 月 7 日，阿坝州气象局协助扶贫村开展李子栽培技术培训

▲ 2018 年，四川省气象主播助力帮扶村采摘节

▲ 2018 年，四川省气象局服务中心驻村干部调研羊肚菌生产情况

▲ 2019 年，四川省气象局驻村干部下乡指导农户掌握猕猴桃病虫防治方法

▲ 2019 年 5 月 29 日，广元市气象局帮扶责任人走访入户拉家常

开展交流合作

2011 年，四川省气象局与中国移动通信集团四川有限公司签署合作协议

2011 年，四川省气象局与四川省林业厅签署合作协议

2011 年 9 月，四川省国土资源厅领导来四川省气象局调研

◀ 2012 年，四川省气象局与中国华云技术开发公司签署合作协议

◀ 2018 年 11 月 21 日，中国气象局气象干部培训学院湖北分院李国梁总工一行到四川分院调研

◀ 2019 年 6 月，四川省气象局与国家电网铁塔公司确定战略合作伙伴关系，探索并合力推进智慧气象、气象大数据应用、“互联网 + 气象”等方面的合作

气象科普宣传

▲ 2013 年 11 月，四川省校园气象科普教育基地授牌仪式现场

▲ 2019 年 3 月 15 日，“应急联盟杯”全省气象科普大赛在成都举办

▲ 2019 年“3 · 23”世界气象日主题活动

▲ 2019 年“3 · 23”世界气象日，在成都市金建小学举办气象科普讲座

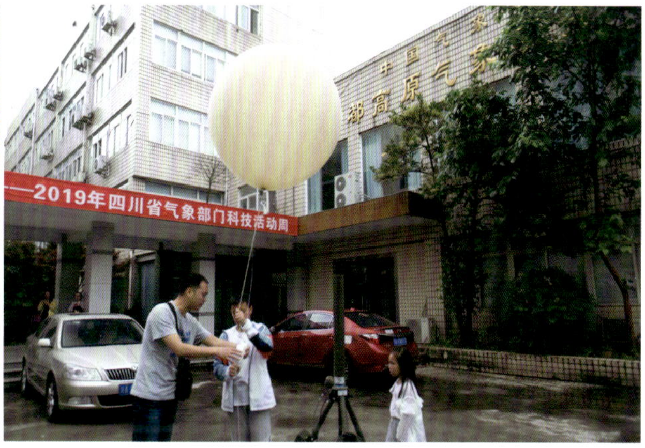

▲ 2019 年四川省气象科技活动周

▲ 2019 年 8 月，广元市旺苍尚武镇中心小学暑期科普行

旗帜鲜明 坚定无悔篇

70 年来，四川省气象部门坚持以马克思列宁主义、毛泽东思想、邓小平理论、“三个代表”重要思想、科学发展观和习近平新时代中国特色社会主义思想作为行动指南，紧紧围绕气象事业改革发展创新的中心任务，始终把党的建设和党风廉政建设放在突出位置。深入开展精神文明创建活动，大力发展气象文化，全省气象部门精神文明和气象文化建设成果丰硕。

党建工作

党的十八大以来，四川省气象部门党建工作成绩斐然，齐抓共管形成合力，狠抓落实夯实基础，创新工作提升实效，文明创建硕果累累。

▲ 2005 年 6 月 9 日，资阳市气象局开展保持共产党员先进性教育活动，全体党员面向党旗宣誓

▲ 2011 年 7 月 1 日，广元市气象局党员参加纪念建党 90 周年活动

▲ 2017 年 6 月 28 日，南江县气象局在帮扶村开展庆祝建党 96 周年专题党课活动

▲ 2017 年 6 月 29 日，四川省气象局纪念中国共产党成立 96 周年党员大会召开

▲ 2017 年 9 月 20 日，资阳市气象局开展“弘扬革命烈士精神主题教育活动月”活动

▲ 2018 年 1 月 3 日，四川省气象局党员干部重温入党誓词

▲ 2018 年 6 月 7 日，在阿坝州红原县烈士陵园开展重温入党誓词活动

▲ 2018 年 6 月 29 日，四川省气象局举办庆祝中国共产党成立 97 周年歌咏比赛

▲ 2018 年，阿坝州气象局组织党员干部“重走长征路”

▲ 2019 年 1 月 4 日，四川省气象局 2018 年党支部书记抓党建工作述职评议会召开

▲ 2019 年 4 月，巴中市气象局开展清明祭英烈活动

▲ 2019 年 4 月 25 日，四川省气象局党小组进行批评表扬场景演练

▲ 2019 年 4 月 27 日，四川省气象局组织党员干部“重走长征路”

2019 年 4 月 30 日，四川省气象局召开纪念五四运动 100 周年青年报告会 ▶

2019 年 5 月，四川省气象局组织青年党员观看《周恩来回延安》 ▶

2019 年 5 月 31 日，南充市气象局机关第一党支部到扶贫村花椒产业园开展主题党日活动 ▶

▲ 组图：2019 年 6 月 17 日，四川省气象局开展“不忘初心、牢记使命”主题教育，党员干部集中学习研讨

◄ 2019 年 6 月 25 日，广元市气象局党员参观红军长征哈达铺纪念馆开展主题党日活动

◄ 2019 年 7 月，中国气象局成都高原气象研究所开展“不忘初心、牢记使命”主题教育活动

精神文明建设

四川省气象部门高度重视精神文明创建，立足部门实际，创新工作机制，制定标准体系，注重统筹联动，坚持开门创建，坚持规范标准强力创建。四川省气象局切实加强规划指导，精神文明建设的大格局构建迈出坚实步伐，编印全省气象部门文明创建工作手册，对全省各级气象部门文明单位硬件环境、创建工作标准提出了明确的指导意见。四川省气象局文明办通过多种方式指导各级台站按照标准体系加强规划设计，打造规范、标准、先进、高雅的气象文化环境和文明创建环境。目前，各级气象部门均已全部建成文明单位，其中，建成全国文明单位 9 个、省级文明单位 21 个。

▲ 1992 年，四川省气象局迎新联欢会

▲ 2003 年 7 月，为加强精神文明创建工作，活跃气象文化气氛，资阳市气象局举办"四川省气象文化周"资阳市气象部门文化活动

▲ 2003 年 8 月，在四川省气象文化周活动中，凉山州气象局代表队获得文娱比赛一等奖

▲ 2003 年 9 月 9 日，攀枝花市气象局组队参加市直机关“神驹”杯第一届运动会第 8 套广播体操比赛

▲ 2005 年 6 月，为加强防雷知识宣传，资阳市气象局编排小品《轰隆隆，打雷了》

▲ 2005 年，成都区域气象中心开展走基层采访

▲ 2006 年，四川省气象部门第二届文化周文艺汇演

▲ 2006 年，第二届气象文化周文艺汇演，自贡市气象局表演的舞蹈《气象之花》获三等奖

▲ 2007 年 4 月，川西片区气象部门篮球赛精彩瞬间

▲ 2007 年 4 月，绵阳市气象局勇夺绵阳市市直机关运动会趣味活动比赛第二名

▲ 2007 年 6 月 28 日，举办全省气象部门气象人精神演讲选拔赛

▲ 2007 年 10 月 14 日，浙江省湖州市气象局与甘孜州气象局结为精神文明建设交流合作单位

▲ 2008 年 9 月，四川省气象局组织编写《天崩地裂仍从容——四川气象部门抗震救灾纪实》一书，并由气象出版社正式出版

▲ 2012 年 7 月 8 日，四川省气象局党组书记、局长彭广（左二）参加峨眉山气象站建站 80 周年座谈会并为峨眉山气象站“四川气象人精神教育基地”揭牌

▲ 2013 年 6 月 27 日，广元市气象局职工参观“中国梦、四川梦、我的梦——奋力推动‘美丽广元 · 幸福家园’广元实践”宣传展示活动

◀ 气象职工参与 2015 年“气象防灾减灾宣传志愿者中国行”活动

◀ 南充市气象局举办 2016 年迎新年跑步接力赛

◀ 2016 年 3 月，成都市气象局参加中国·成都第七届自行车车迷健身节（崇州站）暨第五届公路自行车精英赛

▲ 2017 年 3 月 10 日，南充市气象局召开创建全国文明单位动员会

▲ 2018 年 2 月，四川省气象局迎春文艺联欢会

▲ 2018 年 5 月 17 日，广元市气象局职工参观川北家风馆

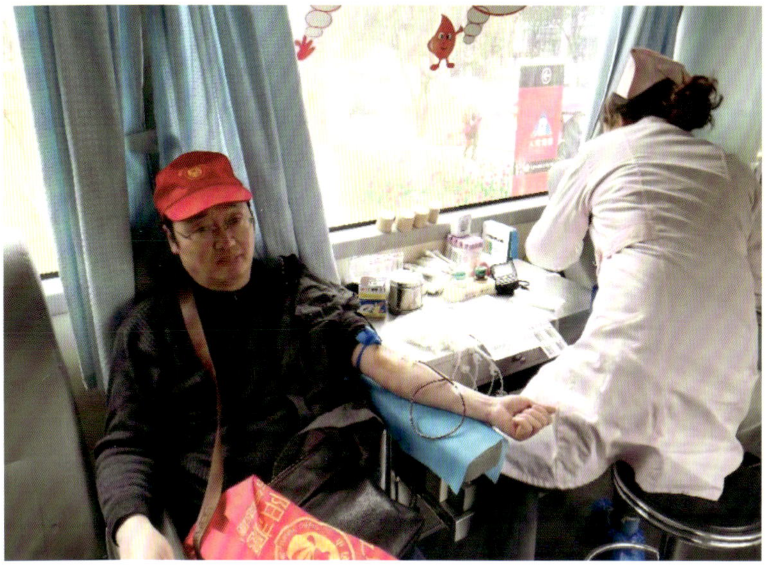

◀ 2019 年 3 月 5 日，资阳市气象局开展学雷锋活动

◀ 2019 年，四川省气象局职工篮球赛

◀ 2019 年，成都市气象局开展团建训练活动